真是令人大开眼界呀！

10 金字塔

[法] 安娜－贝内迪克特·施维贝尔 编　时征 译

中信出版集团 | 北京

图书在版编目（CIP）数据

真是令人大开眼界呀！. 10, 金字塔 /（法）安娜－贝内迪克特·施维贝尔编；时征译．-- 北京：中信出版社，2023.11

ISBN 978-7-5217-5850-4

Ⅰ．①真… Ⅱ．①安… ②时… Ⅲ．①科学知识－儿童读物②金字塔－儿童读物 Ⅳ．① Z228.1 ② K941.17-49

中国国家版本馆 CIP 数据核字（2023）第 120249 号

真是令人大开眼界呀！ 10 金字塔

编　　者：［法］安娜－贝内迪克特·施维贝尔
译　　者：时征
出版发行：中信出版集团股份有限公司
（北京市朝阳区东三环北路27号嘉铭中心　邮编　100020）
承 印 者：北京尚唐印刷包装有限公司

开　　本：889mm × 1194mm　1/16　　印　　张：3　　字　　数：68千字
版　　次：2023年11月第1版　　印　　次：2023年11月第1次印刷
京权图字：01-2023-1613
书　　号：ISBN 978-7-5217-5850-4
定　　价：398.00元（全20册）

出　　品：中信儿童书店
图书策划：小飞马童书
总 策 划：赵媛媛
策划编辑：白雪
责任编辑：许美琳
营　　销：中信童书营销中心
美术设计：谢佳静
内文排版：王莹

服务热线：400-600-8099
投稿邮箱：author@citicpub.com

目 录

第一部分 故事篇 / 2

第二部分 游戏篇 / 18

第三部分 五花八门 / 34

我是乔治，我出现在书中的各处，准备和你一起阅读。

■ 长故事 ■

金字塔

这个由插画师吉约米带来的故事中，

既没有拼音文字也没有象形文字。

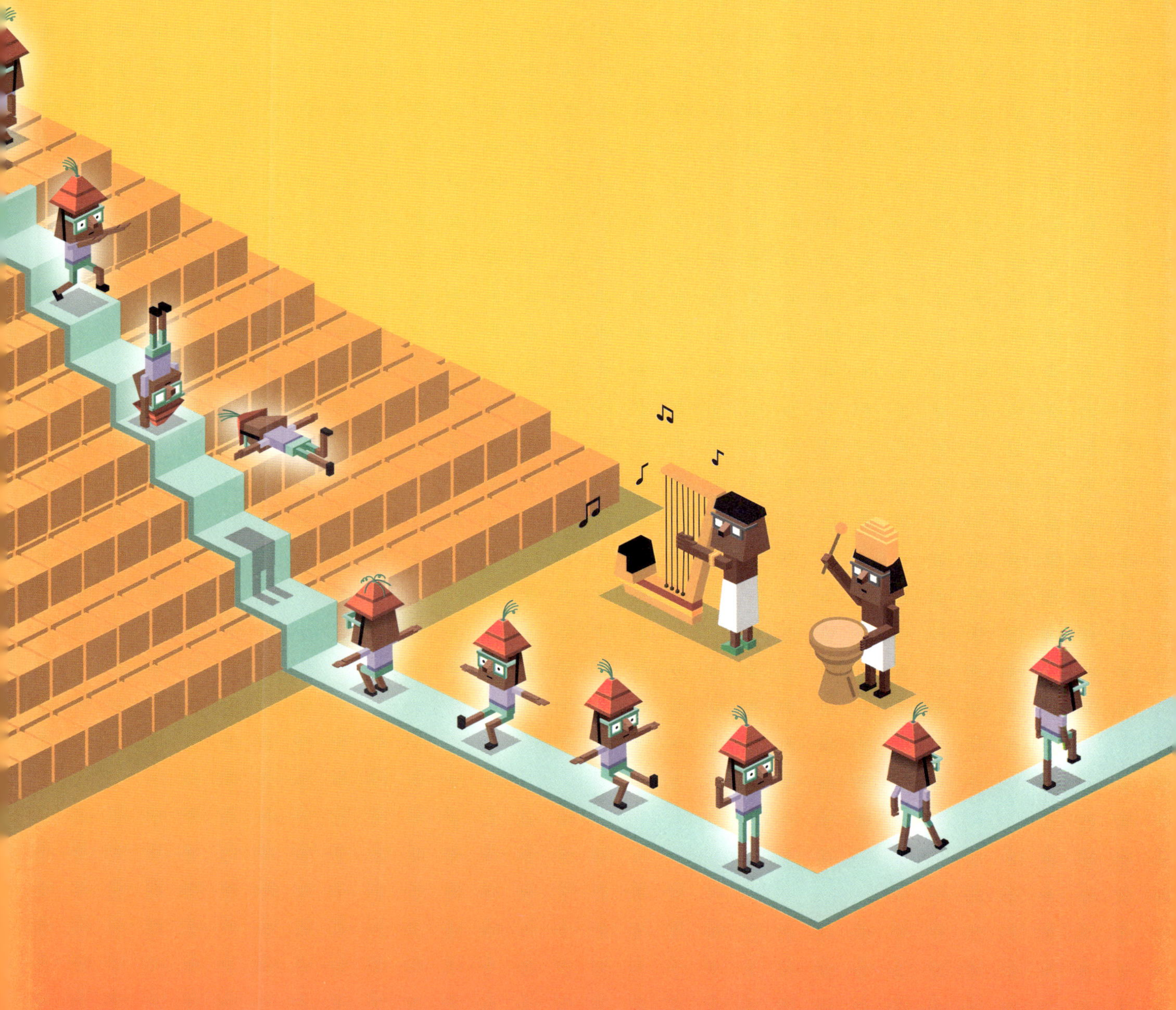

↓ 2号门

专访吕西安·乔乔

文本与绘图：吉约米

加埃唐是在《金字塔》故事中贯穿始终的主要角色，乔治采访了他的扮演者吕西安·乔乔，请他为我们揭秘故事中的那些特技和特效是如何实现的。

《金字塔》是一个默剧故事。这是您第一次演绎这样的故事吗？

吕西安 我的第一份工作是特技演员，所以没有台词对我来说是家常便饭。我摸爬滚打，却不发出一点儿声响。说实话，如果现场有对白反而不是我想要的。我更喜欢围着金字塔转悠，从金字塔中间穿过，或是进到金字塔里面，以便更好地了解它们。

那么，既然没有对白，这个角色应该会比其他的更容易演吧？

吕西安 要知道，当摄像机准备好拍摄时，想在恰当的时间做出准确无误的动作也不是一件容易的事儿。为了做好准备，我甚至在我家的花园里用纸板按照真实尺寸重新搭建了所有布景。整个夏天我都在认真排练。

在剧中我们看到您表演了很多次骑骆驼、潜水甚至开飞机……那么，哪一场戏对您来说是最难完成的呢？

吕西安 从第三座金字塔顶部腾空跳跃，并以坐姿落在金色飞机上，这个动作特别难。为了给大家一个完美呈现，我足足花了18天来练习这个跳跃动作！

这个故事中还有很多特效都令人印象深刻……

吕西安 这是一部大制作的电影，不过我已经习以为常了，这并不会让我感到紧张。此外，要想演好这样一个题材，你必须得信心满满。在面对这些金字塔时，我们显得如此渺小。我消瘦的身材置身于这样巨大的空间之中，甚至会显得有点儿滑稽。但在这个故事中，我从头到尾都表现得不错。

在故事中，我看到您与青蛙建立了友谊。您能否透露下，接下来你们还有共同拍摄影片的计划吗？

吕西安 没错，青蛙的扮演者若西是我的朋友，我在拍摄《金字塔》之前就认识她了！我很欣赏她的表演方式，既不会喋喋不休，也不会毫无意义地呱呱叫。我们一起游泳和潜水。我们确实想一起创作一部在水中拍摄的电影。我还不能透露太多，但我们希望通过影片探索地球的海底世界，并为大家展现一些不为人知的场景。

“为了做好准备，我甚至在我家的花园里用纸板
按照真实尺寸重新搭建了所有布景。”

邦比和高里

狼人木乃伊

文本与绘图：玛丽·诺维昂

我们得仔细点儿，一定要找到被保存在莎草纸片上的珍贵记载！
当然……
听您的，教授！
呼……
我一点儿也不喜欢寻找这些坊间的秘籍！
我得提醒你一下，我们这是在进行考古研究……
你是考古学家！而我是一名探险家！
我记得你是一个博士……
阿嚏！
祝你好运，博士！
达丽达
阿嚏！
阿嚏！
拿着，博士，我早就料到了会这样！
噗！
邦比教授！我觉得我粉尘过敏了……
哈哈！！！你可是一个探险学博士啊！！！
哼！
我希望这不是你为了躲清静而耍的滑头，博士！
别担心，教授！我想到了一个好主意。
看！这样粉尘就进不到鼻子里了！
你瞧，就是这样！
啊！！！
完

使法老重见天日的人

文本：樊尚·雅多　绘图：塞维里·米耶

乔治今天要为你讲述的是英国考古学家霍华德·卡特在1922年11月4日的惊人发现。在埃及的帝王谷，他找到了一个堆满了神奇宝藏的墓穴的入口……

非凡的命运

在霍华德·卡特小时候，谁也想不到他有一天会获得命运的垂青。他的父母有11个孩子，而他是年龄最小的。他由于身体虚弱而没有去学校读书，但却在绘画方面展现出了极大的天赋。也正因如此，他在17岁时便受雇来到埃及，为当地的考古发现绘制图案。

在那里，他爱上了这个国家，也爱上了它的历史和宝藏。他利用与著名考古学家们接触的机会，很快就掌握了大量的知识。就这样，这个有点儿害羞的绘图员变成了一位受人尊敬的古埃及学家。他忘记了自己糟糕的健康状况，顶着酷暑在埃及体验冒险所带来的快感。一天，他的马在沙地上前行时突然打了个趔趄，就这样他发现了一座坟墓的入口。由于挖掘工作的开销巨大，他找了一名赞助人。一支考古队满怀期待地展开了工作，不过当墓穴被打开时，所有人都失望极了：墓室内空无一物！

惊人的发现

但埃及的神灵们给了霍华德·卡特第二次机会！在卢克索他结识了卡那封伯爵。这是一个痴迷于考古学的有钱人，他很赏识卡特的学识和工作热情，并决意资助卡特进行新的探索。经过了8年的漫长等待后，他们终于在1922年11月迎来了意义非凡的一天。

霍华德·卡特和他的考古队发现了通往一座墓穴的楼梯台阶。他们将它清理干净，并破译了上边雕刻的象形文字：图坦卡蒙——这个墓穴的主人是一位当时并不为人所知的法老。不过，他们不得不再耐心地等上18天！因为住在开罗的卡那封伯爵通过电报告诉整个考古团队必须要等他到来之后才能继续挖掘。

当挖掘工作重新恢复后，大家都非常激动。3000多年来，没有人踏入过这里！当他们钻开堵住入口的墙壁时，卡特和卡那封伯爵简直不敢相信眼前的一切！烛光在稀薄的空气中摇曳，而墓室内的情形令他们目瞪口呆：里面有许多包金的器物、家具和雕像！

墓室中有大量珍贵物品，他们用了5年时间才将它们一一记录在册。这其中有不少是法老年幼时的物件，比如小凉鞋、小袜子和一些游戏用的棋盘等，毕竟他在八九岁时就登上了王位。但最引人注目的，要数图坦卡蒙的黄金面具和装着他自身木乃伊的华丽金棺了！这些稀世珍宝在世界各地巡回展出后，如今被保存在开罗博物馆中。

■ 游戏1 ■

博物馆狂欢节

绘图：阿德里安·埃尔达

乔治来到卢浮宫的埃及馆，想探寻一下藏品中的秘密。在门口，他注意到游客们都乔装打扮了一番……

A. 找出两幅图中的10处不同。

B. 人们选择了什么主题来装扮自己呢？

☐ 卢浮宫的藏品主题　　☐ 奥运会主题　　☐ 海盗主题

乔治在卢浮宫的拿破仑庭院中看到了一座大金字塔。

C. 以下是一些与它有关的信息，请在两边找到对应的部分组成完整句子。

a 这座金字塔首次面向公众开放	高约21米，底宽约35米。 1
b 它的设计者是	是在1989年。 2
c 它是用玻璃和金属建造而成的，	建筑师贝聿铭。 3

■ 游戏2 ■

剩下一半，由你来画

绘图：斯特凡妮 · 拉纳

乔治正在创作一幅素描作品，主题是“阶梯金字塔，闪耀的太阳与鳄鱼”。请按照对称的方式将图画的另一半补充完整，并为整幅画填充颜色！

游戏3

叮！手工时间到了！

设计者：让-大卫·曼斯鲁

小朋友们，

一起来动手玩一玩吧！

请动手裁剪并组装完成一个金字塔纸模!

所需工具：剪刀、胶棒。

裁剪

折叠

粘贴

小朋友们，
请不要停下探索的脚步！
因为在本页的背后，还有一座狮身人面像在等着你！

请动手裁剪并组装完成一个狮身人面像纸模！

所需工具：剪刀、胶棒。

裁剪

折叠

粘贴

【将头部粘在此处】

小朋友们，

继续游戏吧！

■ 游戏4 ■

古埃及学

绘图：奥赫·布迪

由于迷上了金字塔，乔治也偷偷学了一些关于古埃及的知识。

下面这些名字分别对应着上面的9幅插图，你能将它们对应起来吗？填一填吧！

a. 弯钩权杖：________________

b. 连枷权杖：________________

c. 金字塔：________________

d. 神：________________

e. 狮身人面像：________________

f. 那美斯式头巾：________________

g. 法老：________________

h. 红白双冠：________________

i. 尼罗河：________________

■ 游戏5 ■

“7”里挑一

绘图：贾科莫 · 巴尼亚拉

乔治原本希望开启一次长途旅行，去探访古代世界七大奇观。它们都是在古代就获得至高无上美誉的杰作。可惜的是，其中6处如今已不复存在。

A. 右页是一张展示古代世界七大奇观的海报。根据下面的描述，在海报上的对应位置标注出这些奇观的序号。

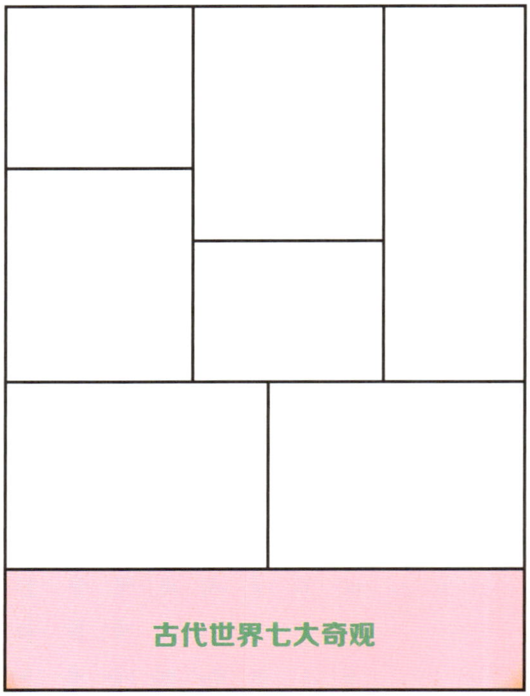

1. 埃及胡夫金字塔

位于：吉萨（埃及）

它是古埃及最大的金字塔，建成时约146米高，不过由于常年受到侵蚀，现在的高度已降低了约10米。

2. 巴比伦空中花园

位于：巴比伦（今位于伊拉克巴格达以南）

该园由不同高度逐层收小的台层组成，每个台层以石拱廊支撑，拱廊架在石墙上，拱下布置成精美的房间，台层上种植各种植物。

3. 奥林匹亚宙斯巨像

位于：奥林匹亚（希腊）

这座巨大的雕像（高20米）刻画的是古希腊神话中的众神之王宙斯坐在他的宝座上。整个雕像被安放在神殿内的一个基座上。

4. 阿耳忒弥斯神庙

位于：以弗所（今位于土耳其）

这座神庙是献给希腊女神阿耳忒弥斯的，历经多次损毁和重建。神庙四周共有127根柱子，每根高约19米。

5. 摩索拉斯陵墓

位于：哈利卡纳苏（今位于土耳其）

这座巨大的陵墓高约43米，下部是一座高约19米的地基，上部由36根立柱和1个金字塔形屋顶组成，上面装饰着各种人物和动物的雕像，其中墓顶的国王与王后乘坐四马战车像尤其引人注目。

6. 罗得岛太阳神巨像

位于：罗得岛（希腊）

这座高约34米的巨型雕像刻画的是头戴王冠的太阳神赫里阿斯。

7. 亚历山大灯塔

位于：亚历山大港（埃及）

这是历史最悠久的灯塔（照亮海岸和指引水手的高塔形建筑物）之一，它一共分为3层，高约135米。

B. 如果你已经仔细阅读了上面的描述，能否告诉乔治，其中哪一座建筑被保存至今？

C. 在看海报时，乔治总结了一些用来描述这些建筑的形容词。请指出其中4个不合适的词。

神奇的	令人赞叹的	巨大的	多嘴的	宏伟的	伟大的
奇形怪状的	非凡的	敏捷的	难以置信的	庞大的	灾难性的

古代世界七大奇观

■ 游戏6 ■

叠罗汉！

绘图：本·塔迪夫

一天，西蒙娜和乔治一起去看了一场叠罗汉表演。

A. 借助下面的提示，将左页图中每个人的名字和队服上的号码对应起来（乔治已经帮你确定了3个人的号码了哟）。

提示：

- 比莉和卡迪娅站在阿加莎的肩上。
- 罗贝尔和特雷莎一起扛着海因茨。
- 萨迪和露西位于最顶端。
- 玛雅与加布里埃尔的位置正好对称。
- 加布里埃尔留着卷发，还绑着蓝色发带。
- 阿尔瓦尔队服上的号码最大。
- 罗贝尔的队服号码乘2等于塞德里克的号码。
- 威廉和露西尔并排站立，他们俩队服号码相加等于88。
- 马泰位于特雷莎和布吕内之间。
- 莱恩站在最底下一排的最左侧。
- 塞德里克能接触到卢多维克的脚。
- 迈克戴着眼镜，他用手举着加布里埃尔。

阿加莎：	71 号	露西尔：	号
阿尔瓦尔：	号	卢多维克：	号
比莉：	号	马泰：	号
布吕内：	号	玛雅：	号
塞德里克：	号	迈克：	号
加布里埃尔：	号	罗贝尔：	号
海因茨：	19 号	萨迪：	号
卡迪娅：	33 号	特雷莎：	号
莱恩：	号	威廉：	号
露西：	号		

很多孩子都来观看了这场表演。当晚到场的7岁至14岁的男孩和女孩的具体人数如下：

7岁： 10个女孩、22个男孩 **8岁：** 32个女孩、16个男孩 **9岁：** 24个女孩、30个男孩 **10岁：** 37个女孩、42个男孩

11岁： 14个女孩、28个男孩 **12岁：** 20个女孩、31个男孩 **13岁：** 17个女孩、25个男孩 **14岁：** 15个女孩、18个男孩

B. 在下边的两个表格中，请根据不同年龄男孩和女孩的具体人数来完成色彩填充，乔治已经为你做了示范，剩下的由你来完成吧。

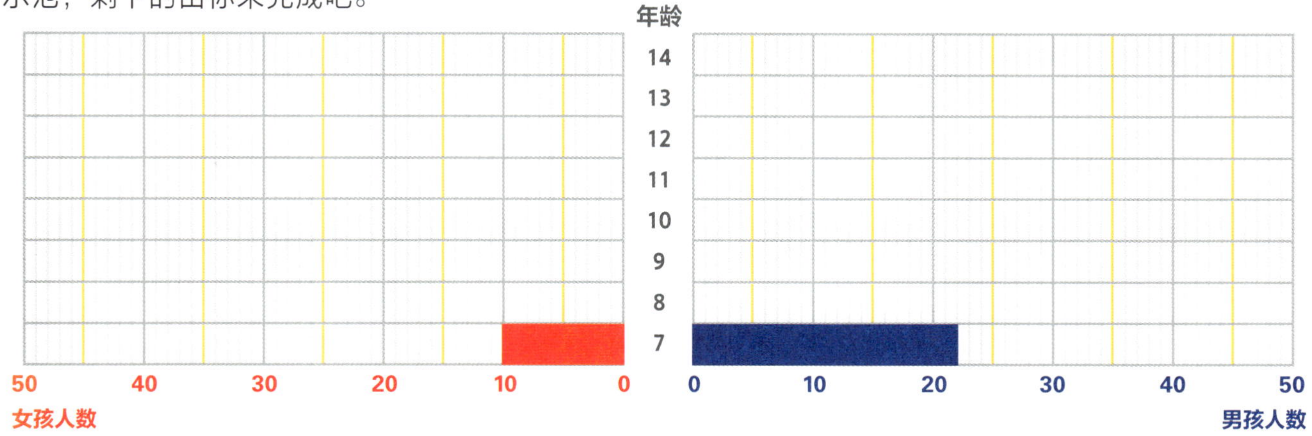

这种图表被称为“年龄金字塔”。

右边是两个数字金字塔。

C. 已知上方的数字总是等于下方两个数字之和（见粉色示例部分），计算并将金字塔中的数字补充完整。

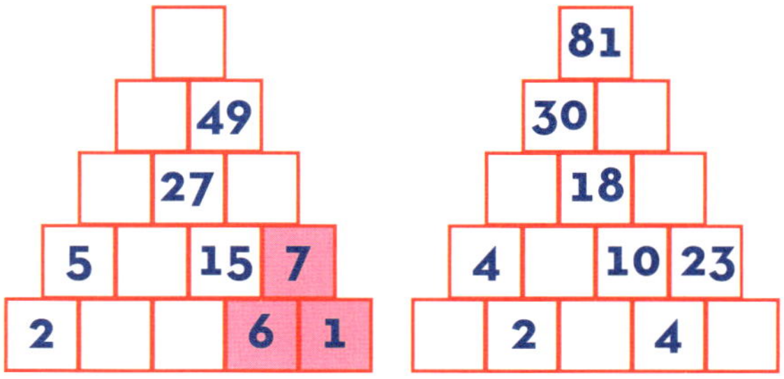

■ 游戏7 ■

出口在哪里？

绘图：克里斯蒂娜 · 斯帕诺

并不是所有的金字塔都在埃及，中美洲也有金字塔，这一点乔治以前还真的不知道。

A. 请帮助图中的主人公找到通往金字塔（在右页）的路线。

B. 在下面的这些国家中，有一个国家是与众不同的，你知道是哪一个吗？为什么？

危地马拉 • 越南 • 哥斯达黎加 • 墨西哥 • 巴拿马

■ 职业万花筒 ■

考古学家

文本：樊尚·雅多 绘图：斯特凡妮·拉纳

乔治一直以为考古学家都是些留着胡须、戴着眼镜且满身灰尘的老先生。当见到阿芒迪娜·马歇尔时，他以为自己看到了纳芙蒂蒂（被誉为古埃及最美的女人）。

在你小时候，你幻想自己未来会从事什么职业？

阿芒迪娜 我从5岁开始就想成为一名考古学家了，而且对古希腊情有独钟。我甚至希望我的弟弟能取名叫忒勒玛科斯。

在那么小的年纪，你怎么会对古希腊如此感兴趣呢？

阿芒迪娜 在幼儿园大班时，我的老师棒极了，她的丈夫为我们班建造了一艘大木船。我们就在那里学习、玩耍，他每天会给我们讲一集《尤利西斯历险记》。

后来呢？

阿芒迪娜 在一个小博物馆里，我第一次看到了木乃伊。我发现自己对古埃及着迷了。在五年级时，我们去了庞贝古城。那是迄今为止我与罗马帝国唯一的一次亲密接触。

你是从什么时候开始进行考古挖掘的？

阿芒迪娜 我每年假期去祖父母家时都会参与考古挖掘活动。这些活动都是由志愿者组织的，地点就在法国阿韦龙省的一个小村庄里。

在13岁时，你知道自己未来要做什么吗？

阿芒迪娜 知道。因为我想学的东西太多了，以至于在高中毕业后我又学习了13年。

那么，你有没有找到过古埃及的宝藏？

阿芒迪娜 当然，在卢克索。但它并不是金棺之类的。在一座神庙中，我们发现了一所可以追溯到法老时期的学校。在操场上，我们找到了一些石头弹珠，还有一些被孩子们书写了象形文字的石板。

你不在埃及的时候都会做些什么？

阿芒迪娜 我会写作，在科学期刊上发表一些文章，在学校里开一些学习象形文字的培训班，参加一些报告会，有时也会画画。

对于那些想成为考古学家的孩子，你有什么建议吗？

阿芒迪娜 除了要学好历史之外，还要好好学习外语，尤其是英语和德语，以便能够读懂学者的文献。多参与由志愿者们组织的考古挖掘活动。此外，许多博物馆也都会提供一些有趣的考古入门课程。

古埃及象形文字

古埃及象形文字是古埃及人在公元前3500年左右发明的。这种读和写都有些复杂的文字一直被使用到公元2世纪。

知识点！ ▲**古埃及象形文字**有3种字体。碑铭体主要被用于宗教文献之中，人们往往会把它们刻在石器、庙墙等上面。而在其他场合，录事往往会使用简化的字体：**僧侣体**和**世俗体**。

▲古埃及象形文字具体可以分为**三类**：

1. 代表一个**词语**（表意文字）。
2. 对应于一个或多个**读音**（表音符号）。
3. 明确**一个词语的含义**（限定词），这类文字没有读法。

▲古埃及象形文字的书写方式有直式和横式两种。直式是从上往下写，横式是从左向右或从右向左写。

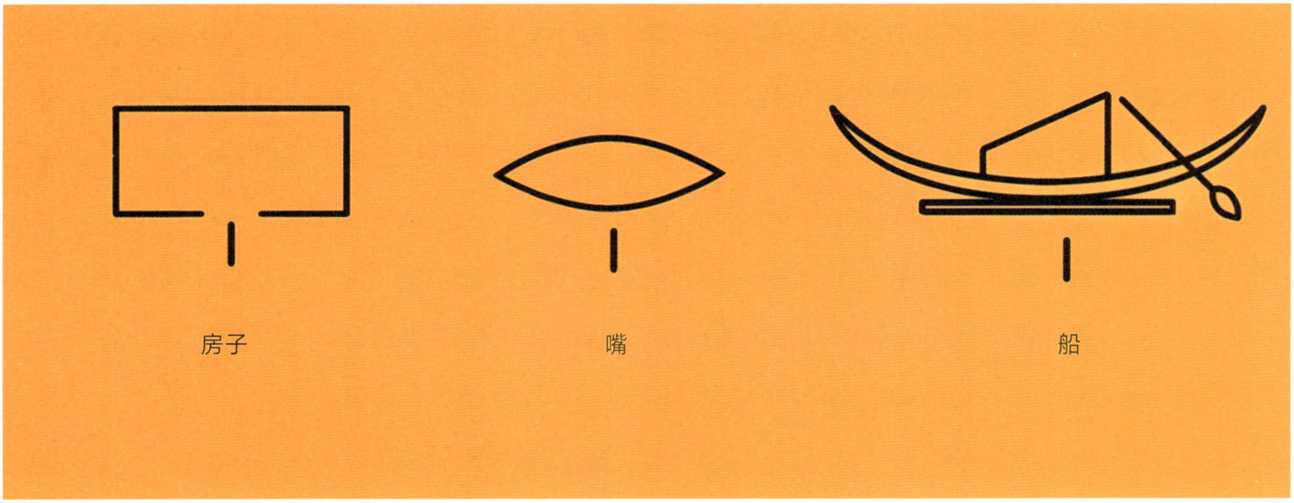

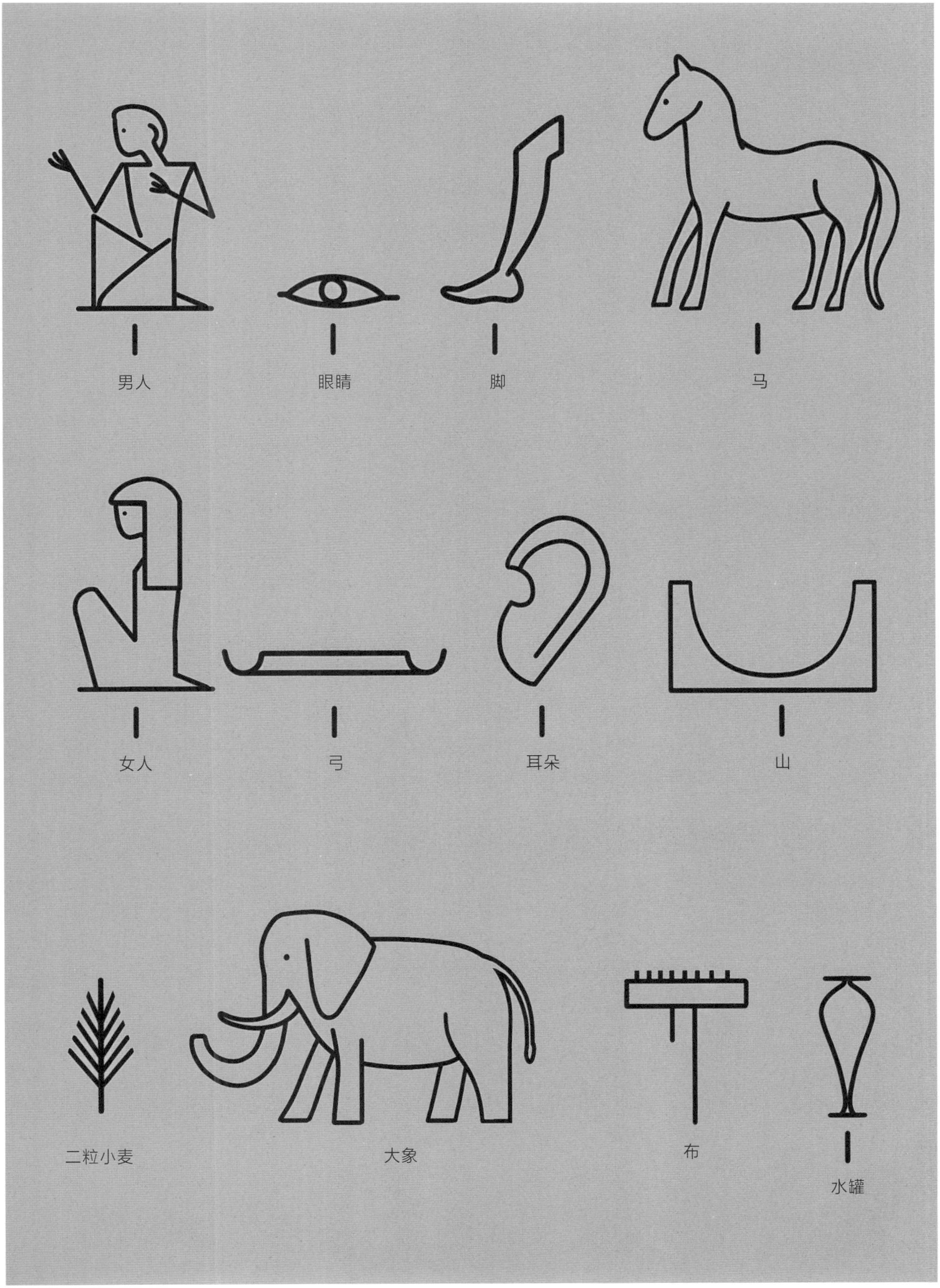
男人
眼睛
脚
马
女人
弓
耳朵
山
二粒小麦
大象
布
水罐

绒球穿杯

绘图：斯特凡妮·拉纳

乔治发现埃及人很喜欢魔术，所以他也想露一手。魔术的主角是一些“有魔力的绒球”，虽然它们不是来自尼罗河岸边的神秘国度，但也能引起小小的轰动哟！如果你想在公开场合表演，最好事先对着镜子多练习几次。

所需材料：

3个不透明的杯子（不一定要相同的颜色，但形状和大小必须一样）、4张卫生纸。

事先准备：

1. 将4张卫生纸团成团儿（用其他材料也可），制作4颗绒球。

2. 将一个杯子放进另一个杯子中，然后在上边的杯子中放入1颗绒球。

3. 将第3个杯子放进去，并将剩下的3颗绒球放入杯中。

魔术表演开始了！邀请你的观众们都聚拢在桌前，而你自己则站在桌子的另一侧。

1. 在表演时，使杯身保持稍稍倾斜，杯底朝向观众，杯口朝自己。

2. 将3颗绒球倒出来，在桌上依次排开。

3. 将最上边的杯子扣放在第一颗绒球后面。

4. 将第二个杯子扣放在第二颗绒球后面。**不过一定要防止杯中的那颗绒球掉落出来或被其他人看到！**这是一个关键步骤，需要事先在镜子前反复练习。

5. 将最后一个杯子扣放在第三颗绒球后面。

6.

将其中1颗绒球放在位于中间的杯子上面。

7. 将其他2个杯子扣在中间的杯子上。（中间的杯子下面藏着1颗绒球哟。）

8. 念出咒语：绒球现身！然后将所有杯子从桌面上拿起来，绒球出现了！（注意：这时在绿杯子和红杯子之间还藏着1颗绒球，而出现的那颗是在“事先准备”部分第2步中放入杯中的绒球。）

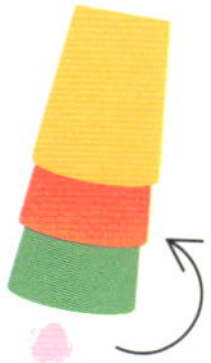

9.

重复第3、4、5三个步骤，但记得要用中间的那个藏有1颗绒球的杯子将放在桌上正中间的那颗绒球扣起来，这时其实桌面中间的那个杯子下面就有2颗绒球了。

10.

将桌上的剩余的2颗绒球中的1颗放在中间的杯子上面。

11. 重复第7和第8两个步骤，杯子底下出现了2颗绒球！

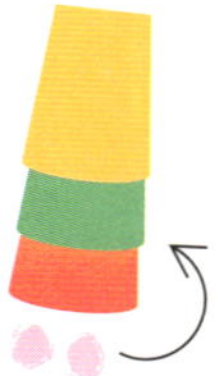

12.

再次重复第3、4、5三个步骤，这一次要用中间藏有1颗绒球的那个杯子扣住正中间的2颗绒球，这时其实桌面中间的那个杯子下面就有3颗绒球了。

13. 将桌面上最后1颗绒球放在中间的杯子上。

14.

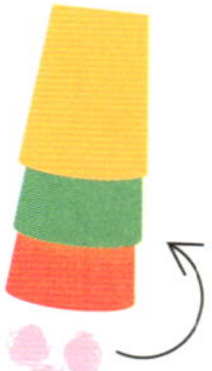

再次重复第7和第8两个步骤，这一次杯子底下出现了3颗绒球！

有魔力的绒球

无须魔术手杖和尖顶礼帽的精彩表演！

把自己装扮成法老或木乃伊

绘图：斯特凡妮 · 拉纳

乔治很喜欢乔装打扮，也总能找到一些无须太多材料的装扮窍门。在这里，他会跟大家分享两个快速有效的乔装方法，当然，这其中还包含一个制作莎草纸的方法。

装扮成法老：

所需材料：

1件深色或条纹的长袖T恤	1条白色连衣裙（也可以找1件成人T恤或1条床单）
1根黑色抽绳	黑色化妆笔
1个纸盘	黄色（或金色）的水彩笔或铅笔

装扮方法：

1. 先来制作项圈。取1个碗扣在纸盘的背面，在距离盘边约3厘米处沿着碗的轮廓画一个圈（如图中蓝色所示）。

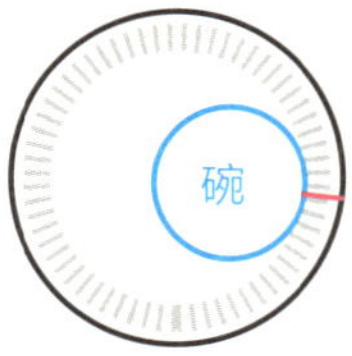

- 用剪刀在描画的圆圈和纸盘边缘之间剪开一个切口（如图中红色所示），然后沿着圆圈将它剪下来。
- 将纸盘被保留的部分涂成黄色，项圈就制作完成了。如果时间充足，也可以用金色（或黄色）的笔再次上色，这样会使项圈看起来更加精致和时尚！

2. 穿上白色连衣裙，将绳子系在腰上。

3. 用黑色化妆笔在眼睛周围以及眉毛上方画出几条长线，然后在下巴的位置画一个叉来代表法老的山羊胡子。

4. 把项圈套在脖子上。

5. 将长袖T恤套在头上，把头发连同头顶部分藏进领口（如图所示）。然后将T恤的衣身部分折向脑后展开，再把两个袖子放在耳朵前面，保持自然下垂状态。

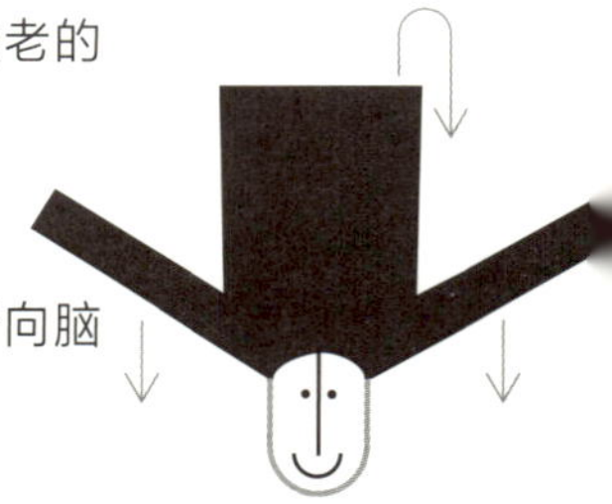

制作莎草纸：

所需材料：

壁纸胶粉　　纱布　　冷咖啡　　刷子

制作方法：

1. 请大人帮忙将壁纸胶粉调制成糊状，然后加入少许冷咖啡，使其接近莎草纸的颜色。

2. 将纱布展开并平铺在塑料板或其他平坦的台面上，将两块纱布拼接在一起，使连接部分稍稍重叠。用刷子在纱布上均匀涂抹一层调好颜色的胶，一定要小心别把它们弄皱了！

3. 等到你的“莎草纸”完全干透了，再把它取下来。

4. 试着在上面写一些象形文字吧。

游戏答案

这就是封面和封底的

7个不同之处：

游戏1 博物馆狂欢节

A. 如下图所示。 **B.** 卢浮宫的藏品主题。 **C.** a–2 b–3 c–1

游戏4 古埃及学

a.2 b.4 c.6 d.9 e.1 f.3 g.5 h.8 i.7

游戏5 “7”里挑一

A. 如右图所示。

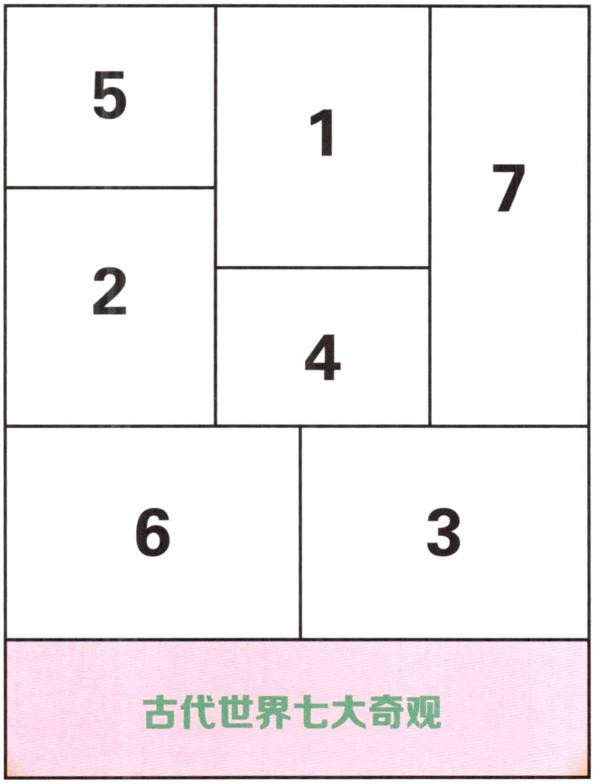

B. 胡夫金字塔 **C.** 多嘴的 奇形怪状的 敏捷的 灾难性的

游戏6 叠罗汉!

A. 阿加莎：71号；阿尔瓦尔：91号；比莉：41号；布吕内：4号；塞德里克：2号；加布里埃尔：5号；海因茨：19号；卡迪娅：33号；莱恩：12号；露西：6号；露西尔：22号；卢多维克：17号；马泰：78号；玛雅：3号；迈克：8号；罗贝尔：1号；萨迪：9号；特雷莎：88号；威廉：66号

B. 如下图所示。

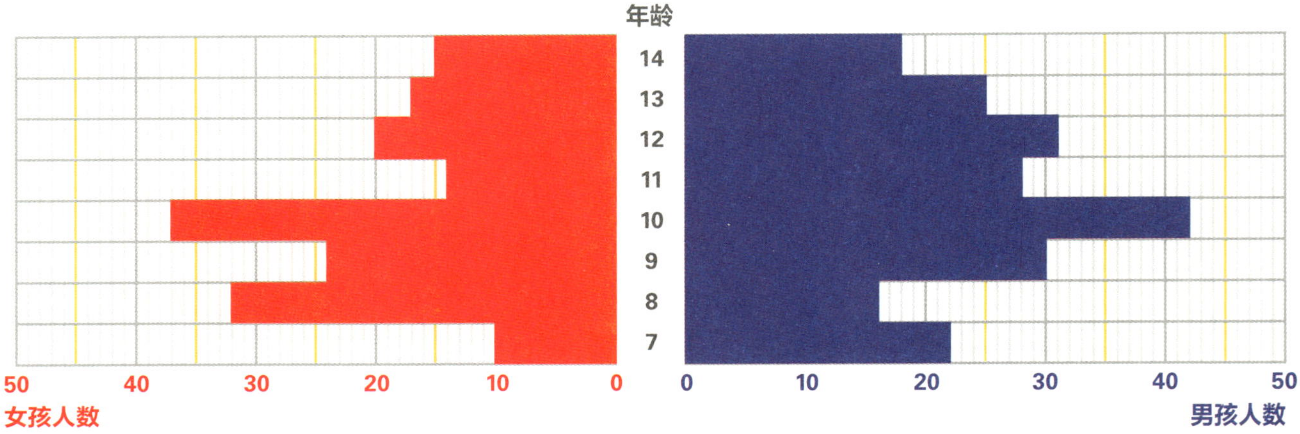

C. 如图所示。

93
44 49
17 27 22
5 12 15 7
2 3 9 6 1

81
30 51
12 18 33
4 8 10 23
2 2 6 4 19

游戏7 出口在哪里？

A. 如下图所示。 **B.** 越南。因为越南在亚洲，而其他四个国家在美洲。